2

레고® 테크닉 아이디어
바퀴 달린 재미있는 기계

이소가와 요시히토 지음 · 공민식 옮김

no starch
press

인사이트
insight

The LEGO® Technic Idea Book: Wheeled Wonders
By Yoshihito Isogawa

레고® 테크닉 아이디어 2 : 바퀴 달린 재미있는 기계

초판 1쇄 발행 2016년 1월 1일 **2쇄 발행** 2025년 6월 27일 **지은이** 이소가와 요시히토 **옮긴이** 공민식 **펴낸이** 한기성 **펴낸곳** (주)도서출판 인사이트 **편집** 조은별 **본문 디자인** 윤영준 **영업마케팅** 김진불 **제작·관리** 이유현 **용지** 월드페이퍼 **인쇄·제본** 천광인쇄사 **등록번호** 제2002-000049호 **등록일자** 2002년 2월 19일 **주소** 서울시 마포구 연남로5길 19-5 **전화** 02-322-5143 **팩스** 02-3143-5579 **이메일** insight@insightbook.co.kr **ISBN** 978-89-6626-175-8 책값은 뒤표지에 있습니다. 잘못 만들어진 책은 바꾸어 드립니다. 이 책의 정오표는 https://blog.insightbook.co.kr에서 확인하실 수 있습니다.

이 책은 작은 아이디어의 씨앗들로 가득 차 있습니다 .
그 씨앗을 싹 틔워 멋진 작품으로 키워내는 것은
여러분의 몫입니다 .

이소가와 요시히토

목차

1부

2부

레고 테크닉 시리즈는 구동부가 포함된, 이를테면 '레고 마인드스톰' 시리즈와 같이 움직이는 장치를 사용자가 손쉽게 구현해 볼 수 있도록 설계되었습니다. 이 책은 레고사에서 공식적으로 제공하지 않는 수백여 가지의 레고 테크닉 구동에 관련된 조립 아이디어들을 모은 책입니다. 시리즈 두 번째 책인『레고® 테크닉 아이디어 2 : 바퀴 달린 재미있는 기계』에서는 차량의 특징인 전후진 주행, 조향, 그 외의 움직임에 초점을 맞추었습니다.

레고를 이용해서 만들기

레고 브릭은 특정한 한 곳, 한 가지 용도가 아닌 다양한 곳에서 범용적으로 사용할 수 있도록 설계되었습니다. 이 때문에 여러분이 생각한 모형을 레고로 만들기 위한 방법은 무궁무진합니다. 여러분이 구입한 제품 세트에 포함된 조립 설명서에 따라 모델을 조립해 보았다면, 이제는 그 부품을 활용해 기존의 모델을 변형해 보거나, 혹은 완전히 다른 모델을 만들어 보는 것도 좋습니다. 그것이 바로 레고를 제대로 즐기는 여러 가지 방법 중 하나입니다.

　이 책을 통해 여러분이 자신만의 멋지고 재미있는 창작품을 만드는 데 조금이나마 일조할 수 있기를 바랍니다.

당신은 창작가입니다

『레고® 테크닉 아이디어 2 : 바퀴 달린 재미있는 기계』는 레고 브릭과 기어, 그리고 모터와 바퀴로 구성된 여러 가지 모델을 만드는 기법들을 주제별로 모아 사진으로 정리했습니다. 이 책에 제시된 여러 가지 아이디어들을 경험해 보고, 적절히 조합한 뒤 자신만의 아이디어를 추가해 기능이나 장식을 더한다면 분명 여러분만의 멋진 창작품이 나올 것입니다.

부품색의 의미

이 책에 등장하는 예제들은 모두 여러분이 예제 모형의 구조를 이해하기 쉽도록 의도적으로 다른 색상의 조합을 사용했습니다. 모델을 따라 만들기 위해 책의 예제와 같은 색을 고집할 필요는 없습니다. 각각의 모델에는 가능한 한 예술적으로 보일 수 있도록 다양한 색을 썼지만 여러분이 모델을 만들 때는 여러분 자신이 원하는 색의 부품을 활용해서 만들어도 무방합니다.[1]

---

[1]　(옮긴이) 모양이 거의 비슷한 연결 핀 부품 중에서도 마찰 돌기의 유무에 따라 레고사에서 의도적으로 다른 색을 사용합니다. 예를 들어 파란색 축 마찰핀과 모래색 축 핀 경우, 모양은 비슷하지만 부품 금형 자체가 다르기 때문에 주의해야 합니다.

왜 설명이 없나요?

이 책은 여러분이 지금 읽고 있는 '서문'과 '목차' 외에는 글이 없습니다. 대신 특정한 기법 또는 원리를 보여 주기 위한 조립 모델을 쉬운 것부터 어려운 것까지, 여러 종류와 여러 각도로 찍은 사진을 제공합니다. 이 책은 일종의 아이디어 북으로서, 여러분의 상상력을 자극하는 것이 목적이기 때문입니다. 여러분이 이 책의 사진을 보면서 자기 자신만의 방법으로 사진 속 모델을 해석하고 이해하는 과정에 저자가 불필요하게 개입하는 것은 옳지 않다고 생각합니다. 저자가 내용에 대해 설명을 곁들이는 순간, 독자는 스스로의 힘으로 모델을 해석하고 이해하는 것이 아닌 눈으로 본 결과만을 보게 될 것이고, 결과적으로 스스로의 상상력과 이해력으로 더 멋진 작품을 만들 수 있는 기회를 잃을 수도 있기 때문입니다. 저자는 여러분이 스스로 이 책의 모델을 보고 느끼고 해석한 다음 여러분만의 방법으로 이것을 새롭게 재조명해서 자신만의 작품을 만들 수 있기를 희망합니다.

추가 정보

이 책의 모델들에 대한 동작 영상이나 정오표, 일부 모델의 조립설명서를 https://blog.naver.com/legoinsight/220618078129에서 확인하실 수 있습니다.

부모님께 드리는 글

아이를 칭찬해 주세요

여러분의 자녀가 자신의 창작품을 보여 주고 설명하려 할 때, 아이의 설명을 귀 기울여 들어 주고 진지하게 반응해 주세요. 때로는 아이가 보여 주고 싶어 하는 부분이 무엇인지, 무엇을 만들고 싶어했던 것인지를 물어봐 주고, 진지하게 자신의 생각을 담아 아이의 작품에서 인상 깊은 부분과 당신을 놀라게 한 부분을 짚어주며 아이를 칭찬해 주세요. 재능은 칭찬 속에서 자라납니다. 여러분의 칭찬 한마디, 조언 한마디가 자녀의 재능과 감각을 성장시킬 수 있습니다.

여러분이 느낀 점을 표현하세요

자녀가 만든 창작품에 대해 자녀와 함께 이야기를 나눠보세요. 움직이는 부분은 어떻게 움직이게 만든 것인지, 재미있게 조립된 부분은 어떻게 이런 방법으로 조립하게 된 것인지 물어보고 아이 스스로 그렇게 만든 이유를 설명하게 해 보세요. 여러분의 조언과 질문들은 아이들의 머릿속에서 샘솟는 수많은 아이디어의 씨앗이 될 것입니다.

아이와 함께 놀아 주세요

자녀가 레고를 만들면서 어려워한다면, 옆에서 아이디어를 주고 함께 만드는 것도 좋습니다. 때로는 하나의 목표를 두고 아이와 함께 경쟁하며 각각의 모델을 만들어 보는 것도 나쁘지 않습니다. 아이는 부모의 창작품을 보면서 새로운 영감을 받을 수도 있습니다. 물론, 자녀와 함께 레고를 만들 때는 항상 아낌없는 격려를 잊지 마십시오. 그리고 여러분이 생각하고 만든 창작품에 대해 설명해 주며 아이와 함께 대화한다면, 그 과정에서 자녀는 많은 것을 배울 수 있을 것입니다.

부품을 찾는 방법

이 책에는 수백여 가지의 창작품 사진들이 실려 있으며, 여러분은 책 속의 특정 모델을 만들기 위한 부품을 모두 갖고 있지 않을 수도 있습니다. 만약 특정한 모델을 만들기 위한 부품 중 일부가 없어 모델을 재현하는 데 어려움을 느낀다면, https://blog.naver.com/legoinsight/220618078129에서 필요한 부품 목록을 확인할 수도 있습니다.

부품 목록은 이 책에 사용된 여러 종류의 테크닉 부품들과 기본적인 기어, 핀 등 일반적인 부품부터 특정 레고 세트에 한정적으로 사용되어 조금 더 귀한 부품인 무한궤도, 스프링, 모터 등의 부품들이 종류별로 나열되어 있습니다. 각각의 부품들은 육안으로 알아볼 수 있는 부품의 모양[2]과 부품명, 브릭링크(BrickLink)[3]의 주소가 제공됩니다.

만약 여러분이 부품 단위의 레고 구매에 부담을 느끼거나 회의적이라면, 세트 단위의 구매도 나쁘지 않습니다. 레고사가 주기적으로 제품 단종과 신제품 출시를 반복하기 때문에 이 목록은 바뀔 수 있습니다.[4]

---

2 (옮긴이) 실제의 부품은 모양을 구분하는 '금형'과 색상을 나타내는 '사출색'이 결합되어 같은 모양의 부품이라도 다른 색이라면 서로 다른 부품으로 취급됩니다. 단, 이 책에서 만든 대부분의 모델에서는 특정한 일부 모델(눈알, 이빨 등)을 제외하면 부품 색은 거의 의미가 없기 때문에 부품 목록에는 단지 부품의 모양에 대한 구분만이 명시되어 있습니다.

3 (옮긴이) http://bricklink.com. 해외의 레고 부품 단위 판매자들의 판매 중계 사이트. 브릭링크는 판매자가 자발적으로 가격을 책정해 올리고 중계만 하는 오픈 마켓 사이트입니다. 브릭링크에서 필요한 부품을 찾으면 해당 부품을 판매하는 판매자들을 전부 보여 주며, 수량별, 가격별, 배송지별로 구분해서 볼 수 있습니다. 국내에도 오픈 마켓에서 부품을 유통하는 곳이 있고, 자체 브랜드를 걸고 영업하는 벌크 샵도 있습니다. (예: 드레이크 브릭)

4 (옮긴이) https://blog.naver.com/legoinsight/220618078129에서 레고 커뮤니티 브릭 인사이드에 정리된 LEGO Technic 세트 데이터를 확인할 수 있습니다.

이 책의 모델과 똑같은 모양으로 만들기 위한 부품을 도저히 구할 수 없더라도 절대 좌절하지 마십시오. 비슷한, 혹은 다른 부품으로도 분명히 그 부분을 해결할 수 있는 방법이 있을 것입니다. 이 책에 나오는 모델들은 그 자체로서의 완성이 아닌, 독자 여러분에게 영감을 주기 위한 목적으로 최대한 단순화되고 추상화된 모델들입니다. 꼭 이 책과 모든 부분이 똑같아야 할 필요는 없습니다. 여러분만의 방법으로 모델을 탐구하고 해석하는 과정을 즐겨 보시기 바랍니다.

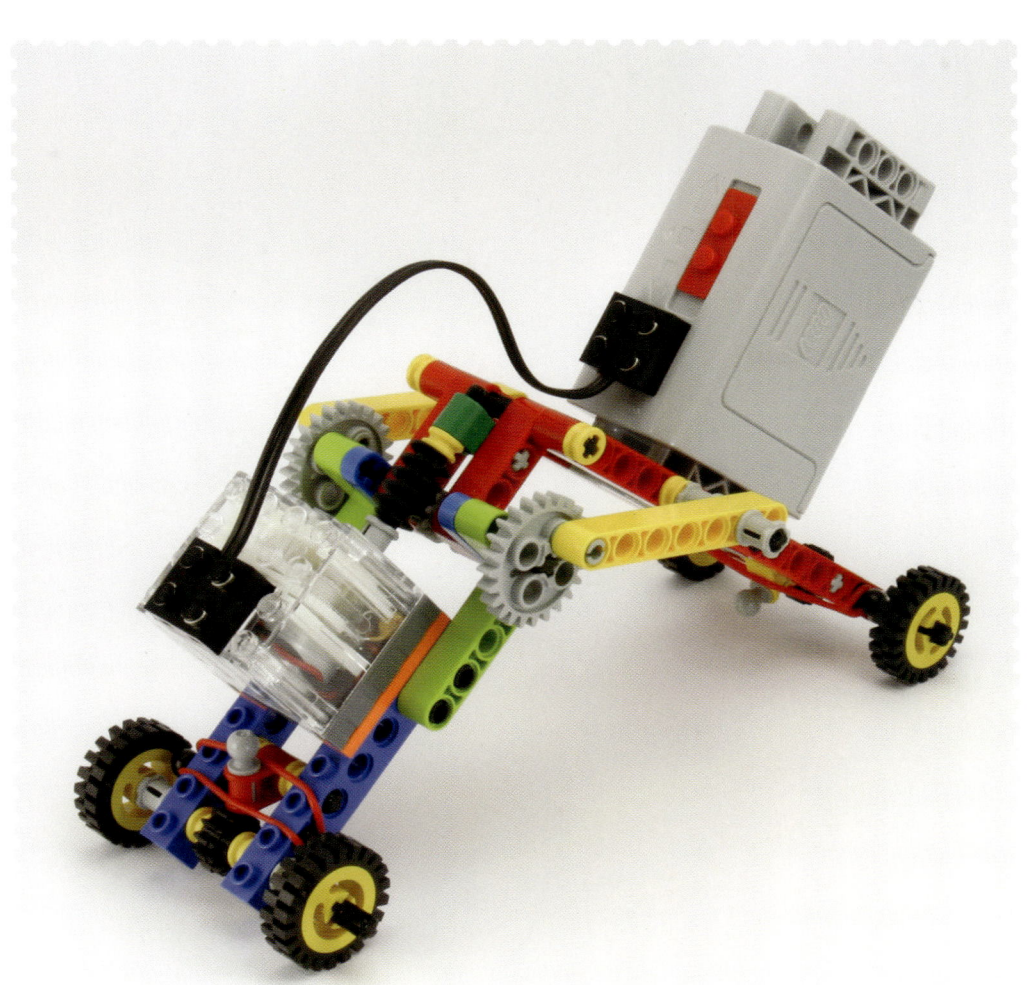

1부

 4

 18

 32

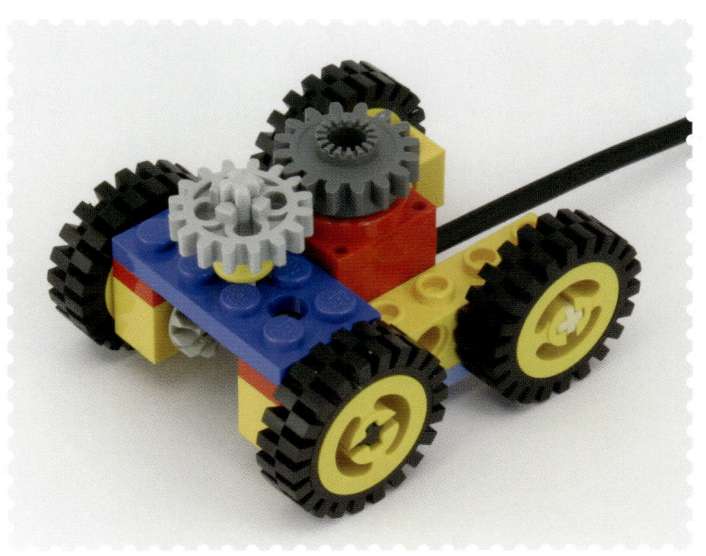

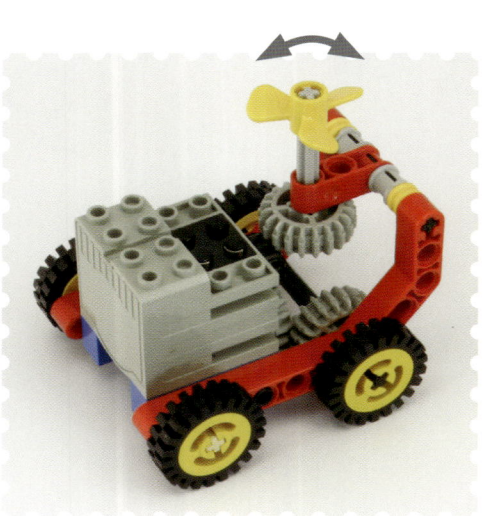

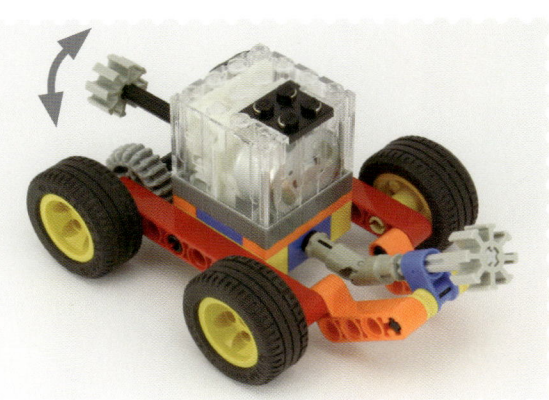

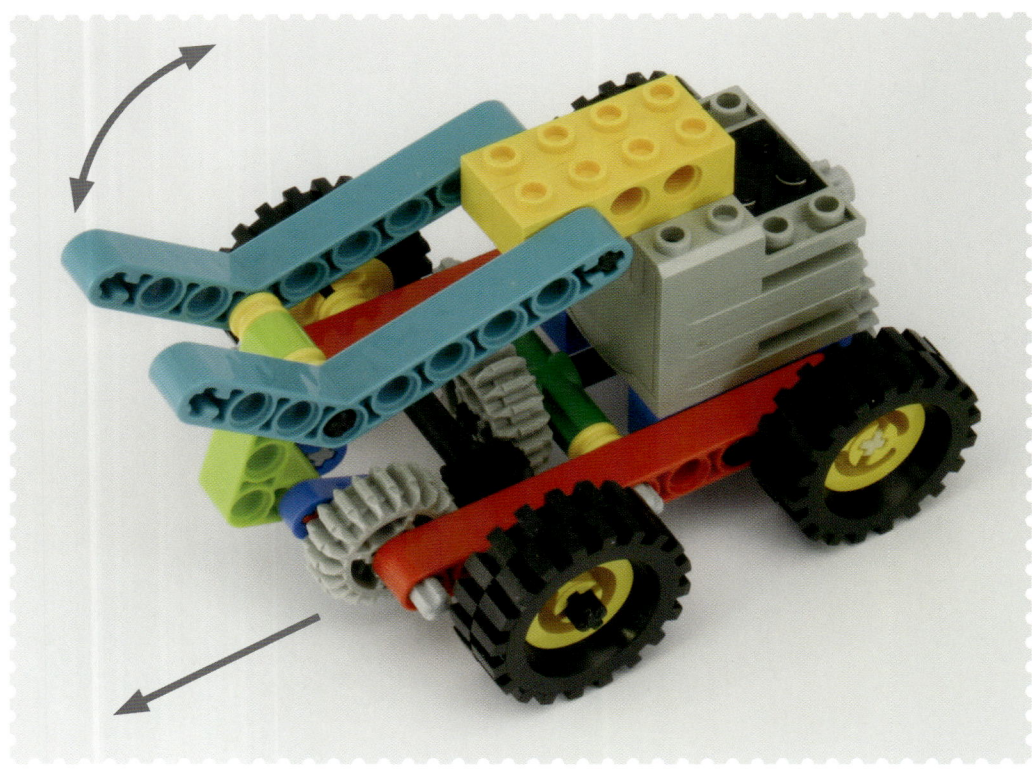

2부

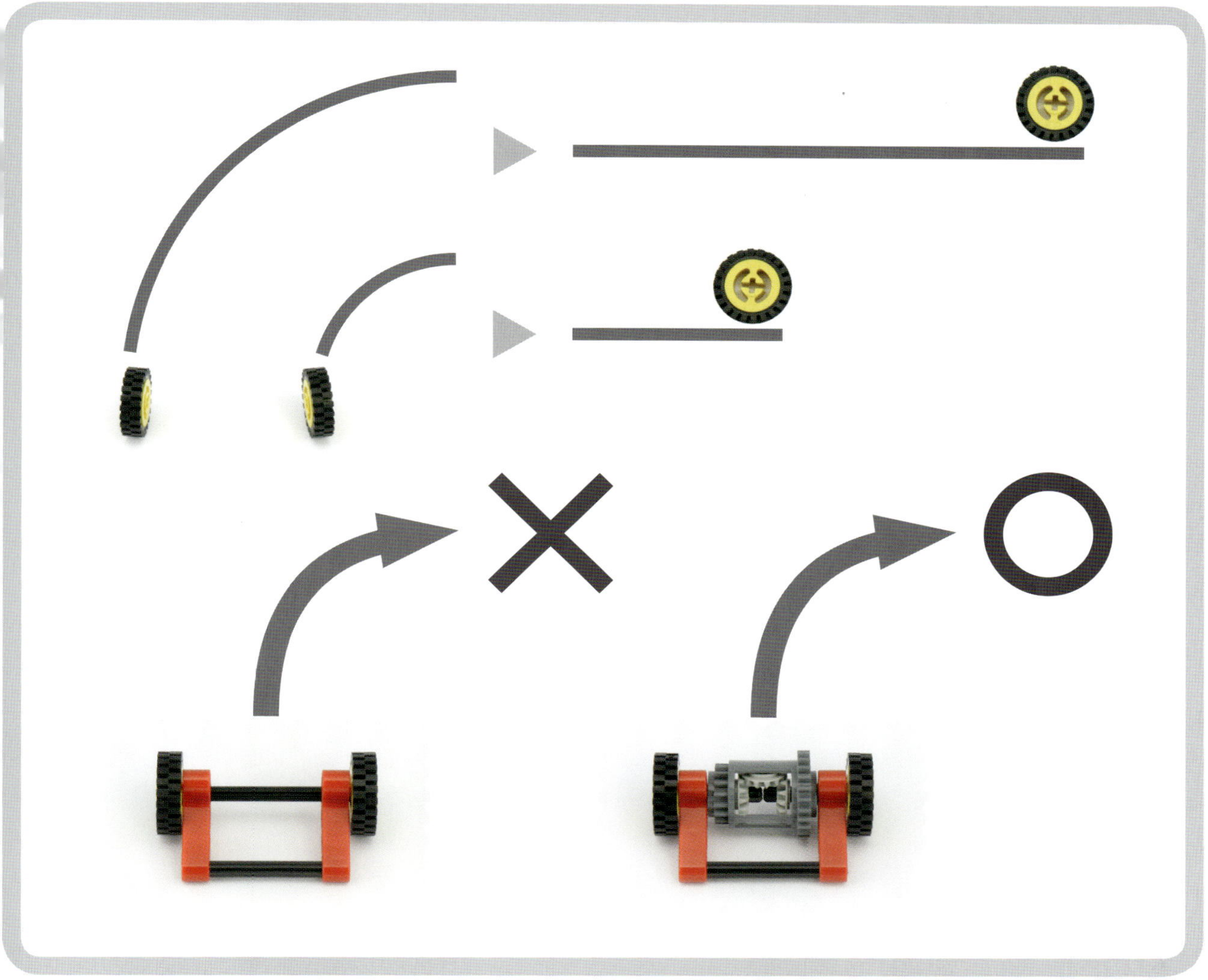

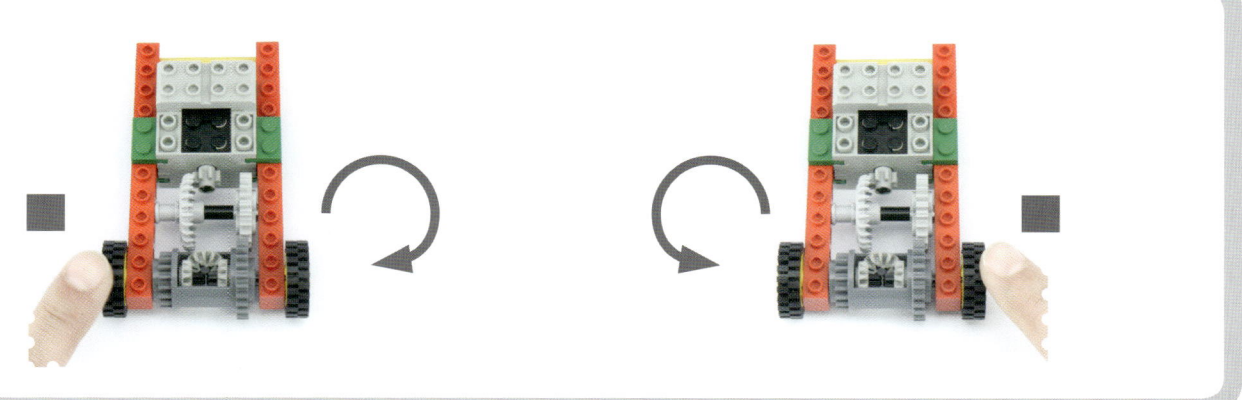

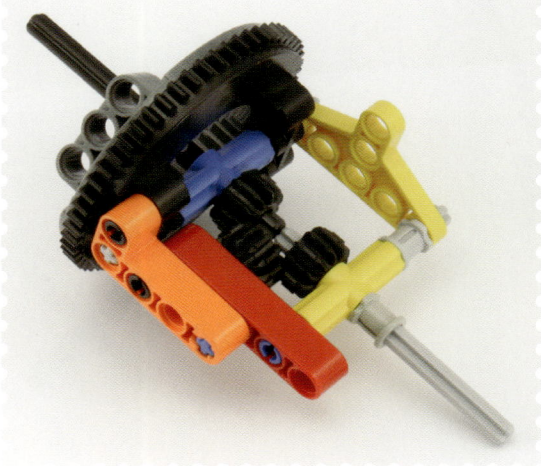

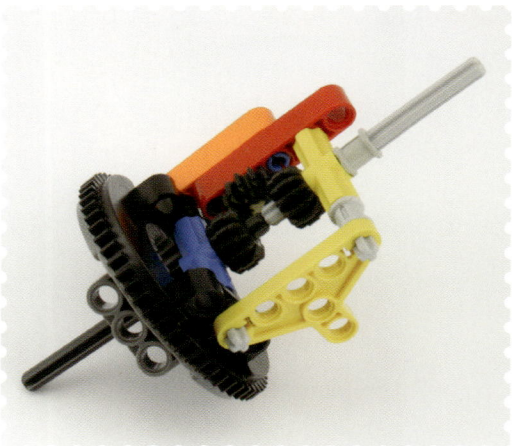

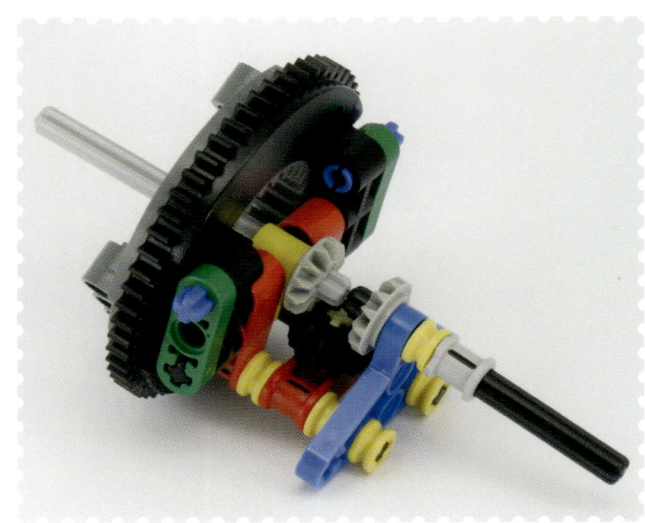

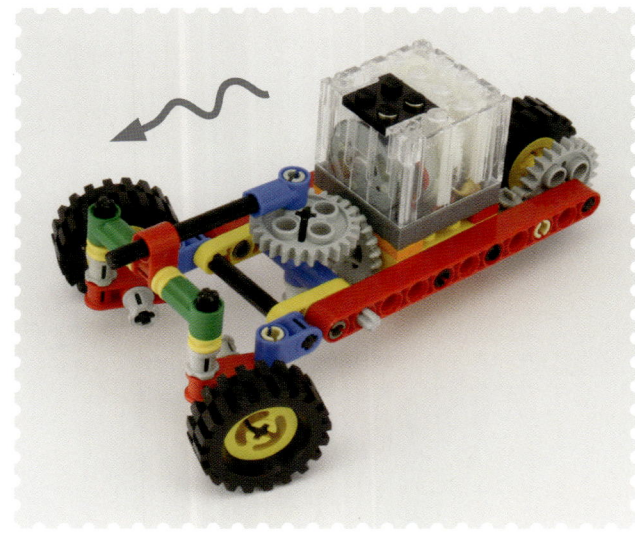

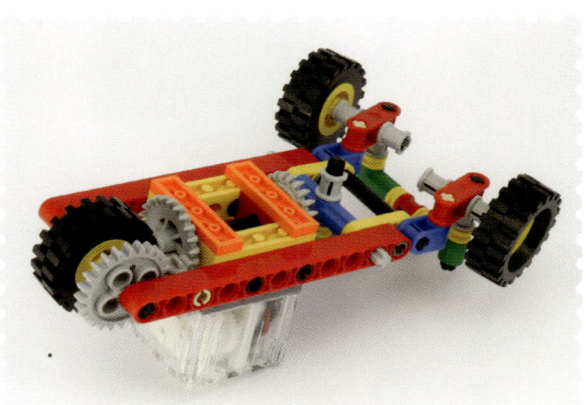

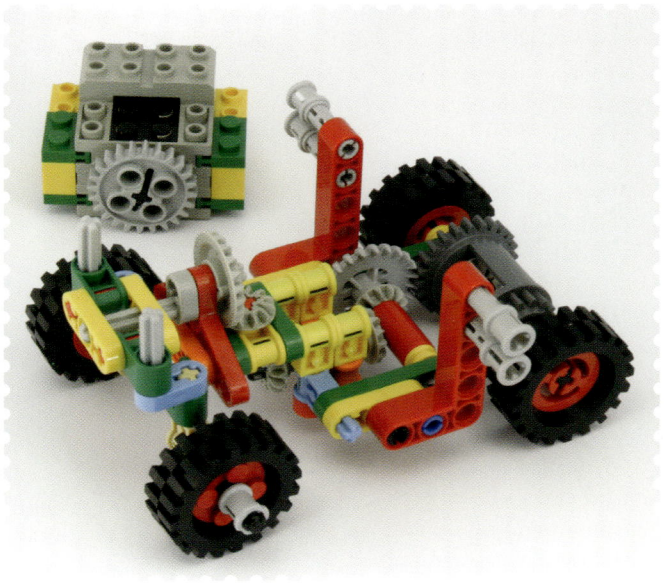

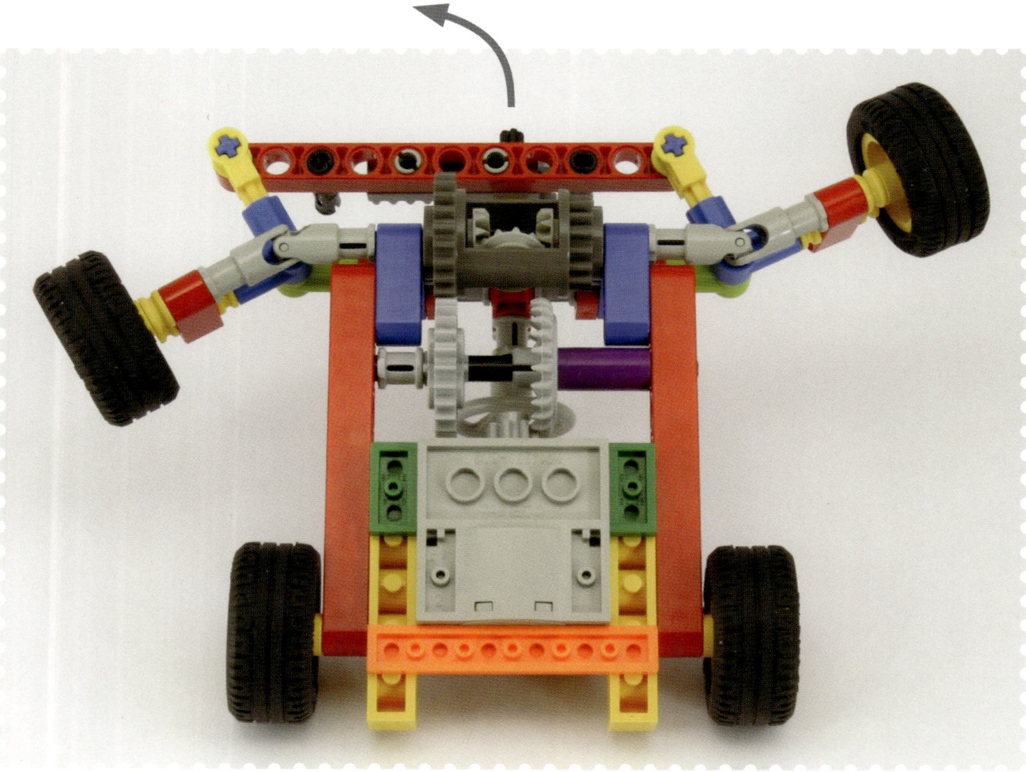

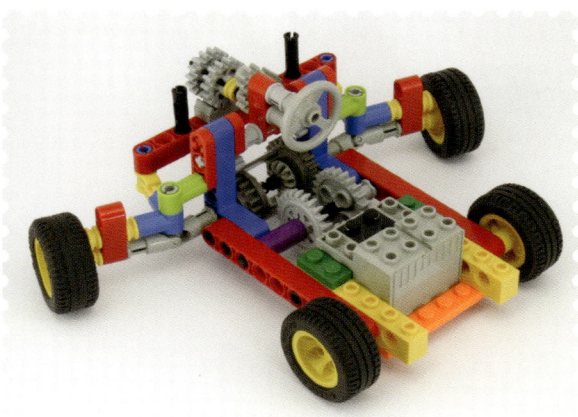

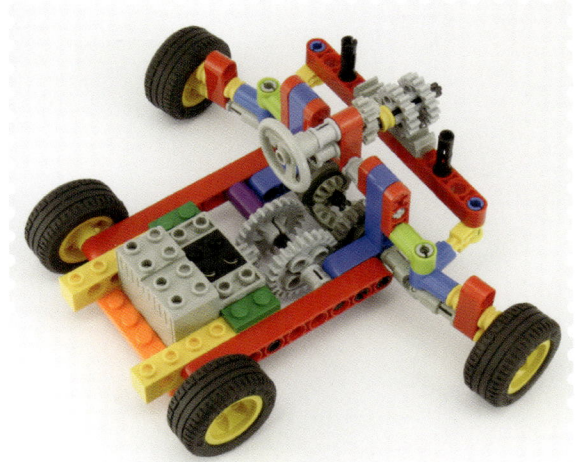

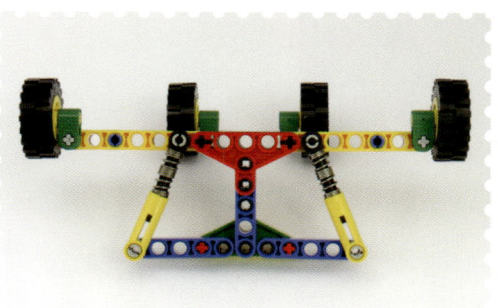

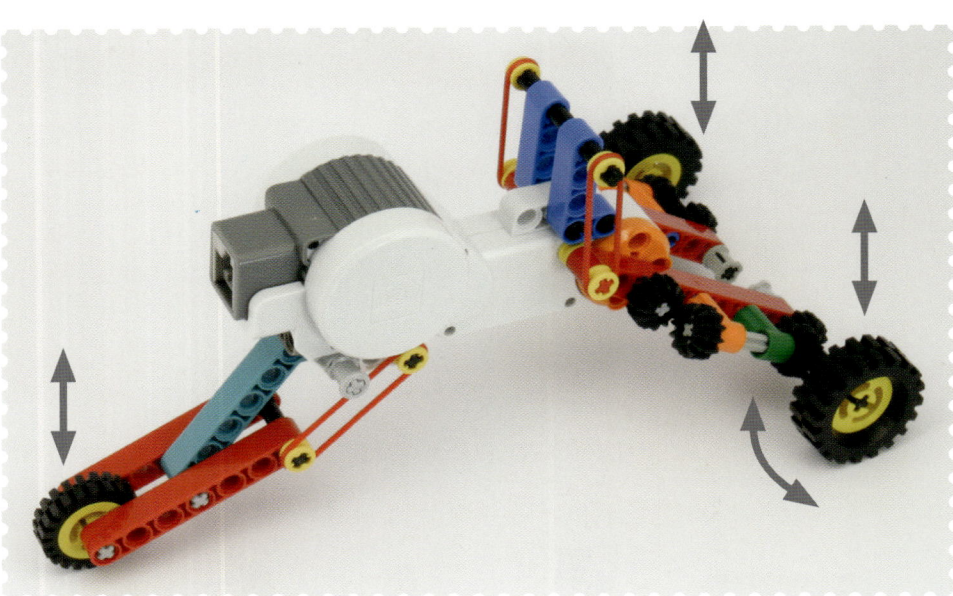

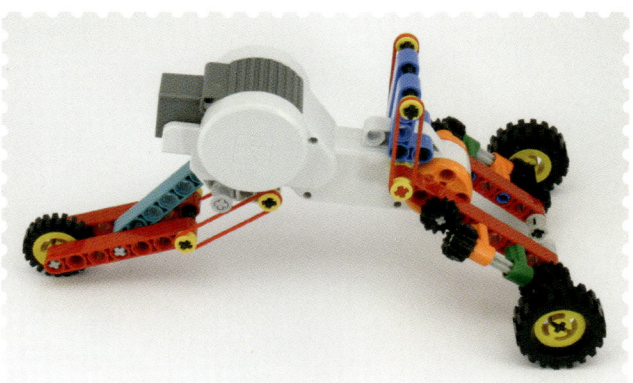

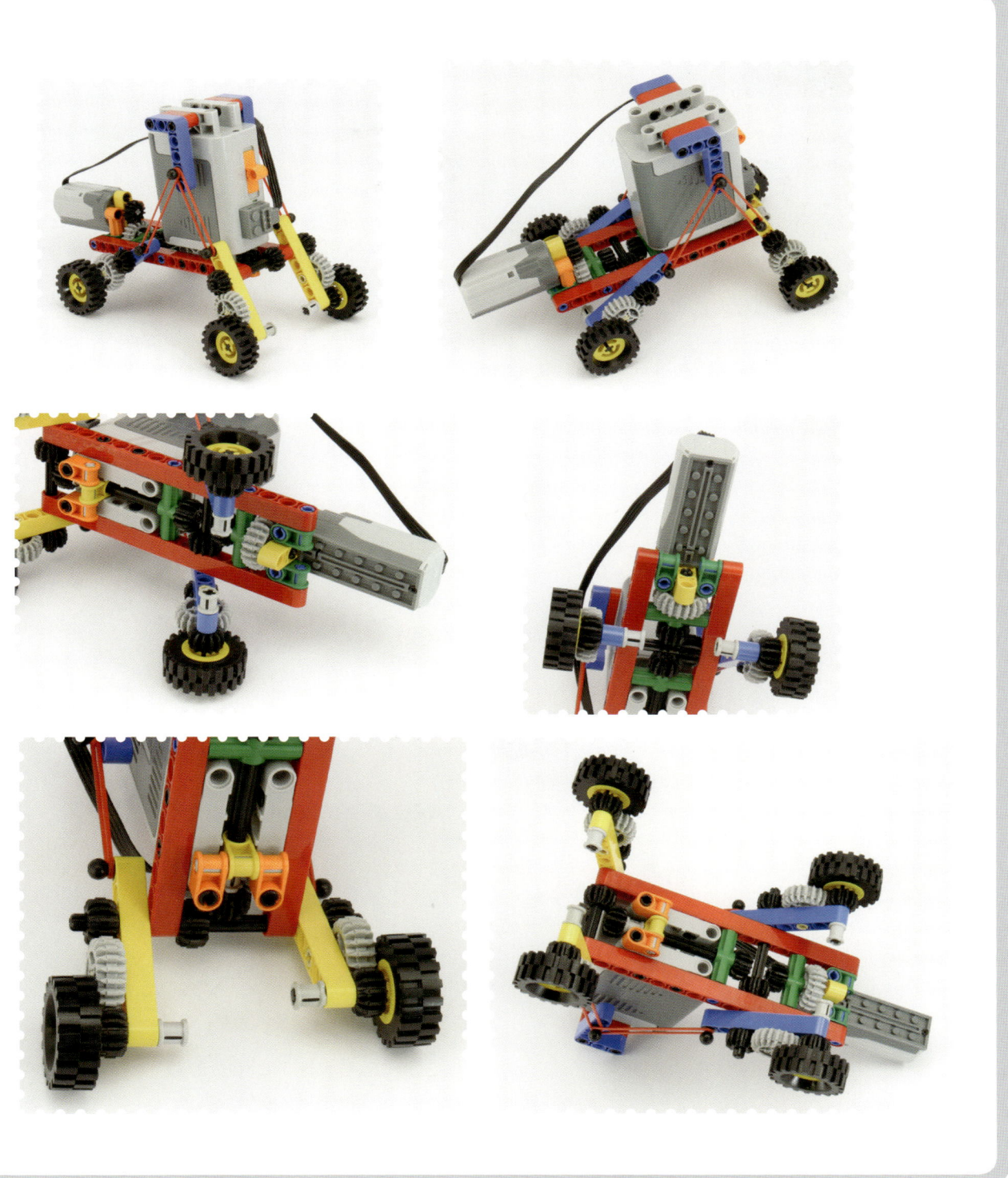

3부

 76

 90

 94

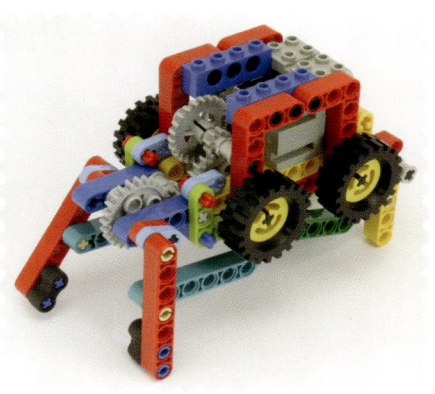

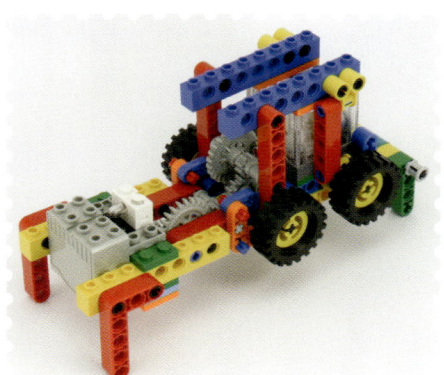

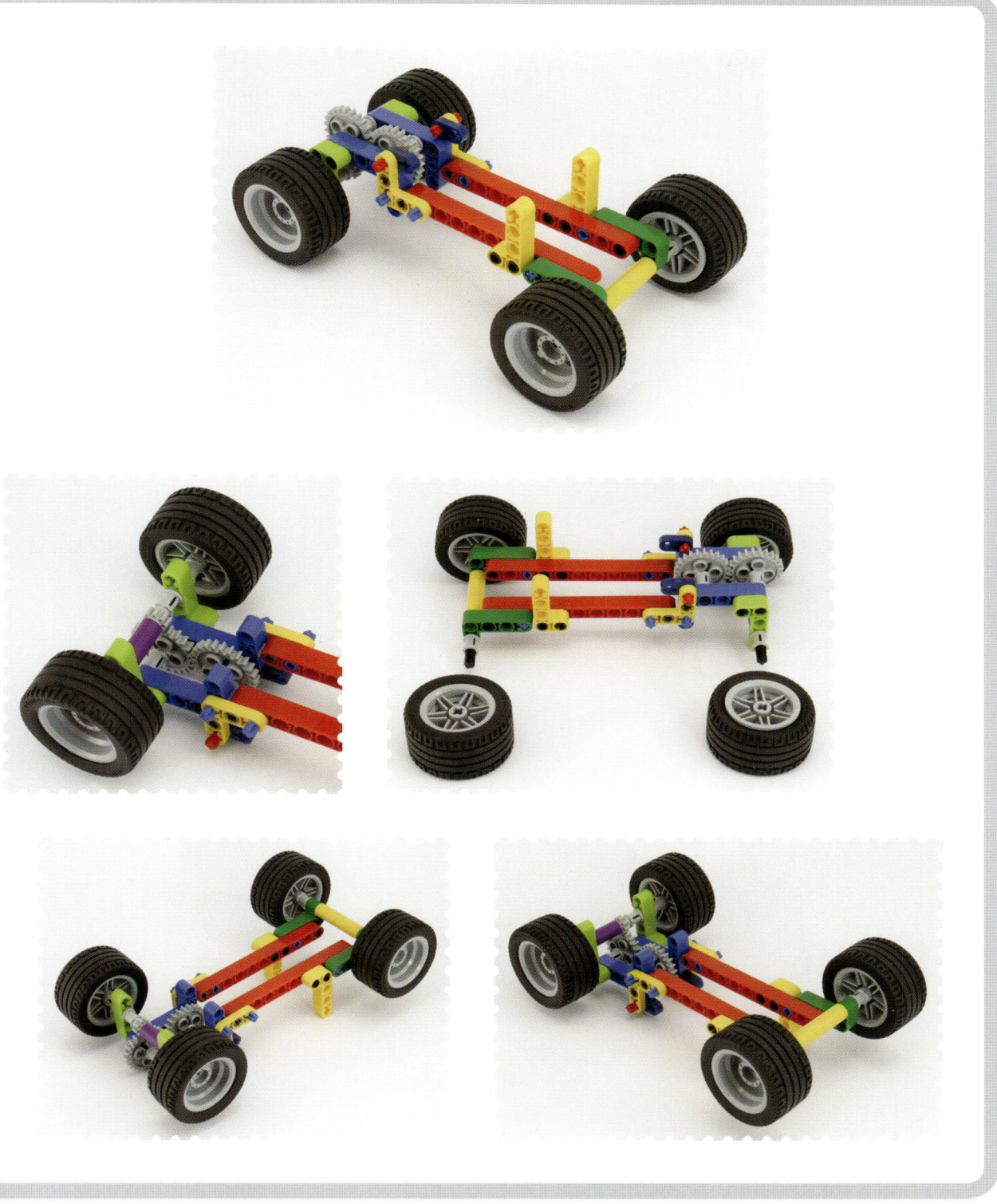

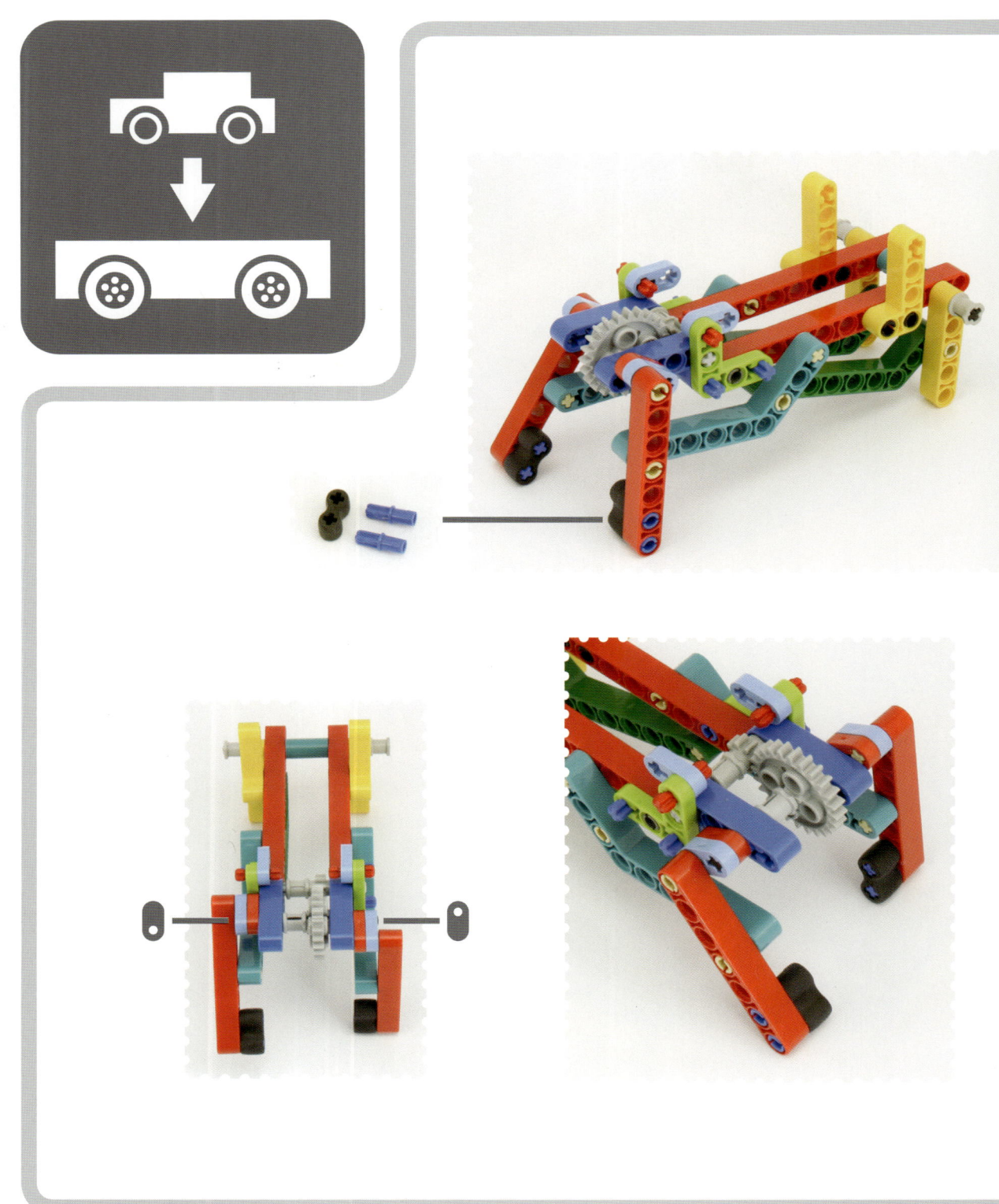

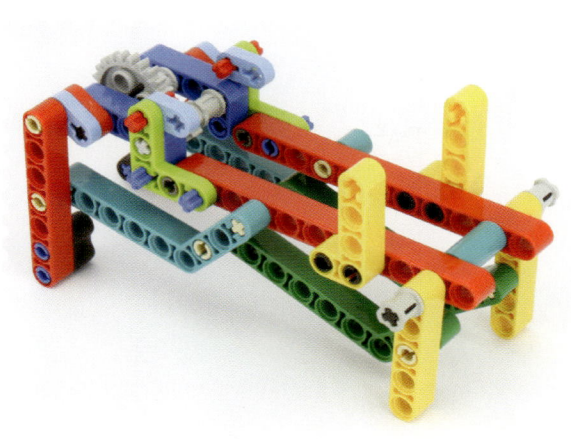

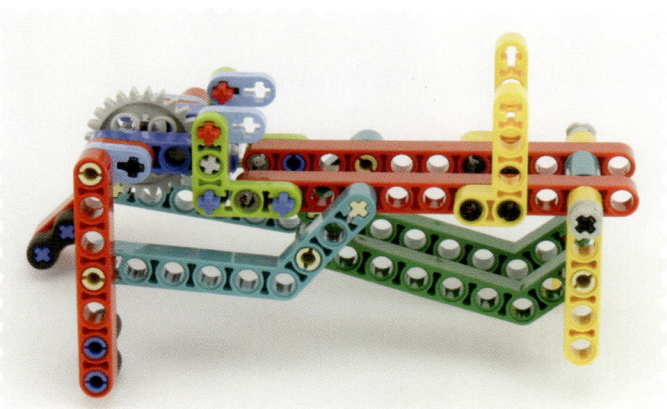

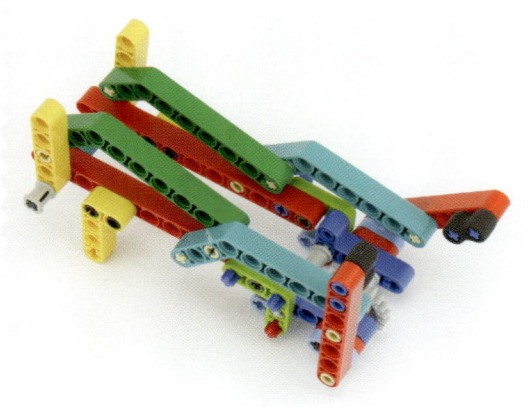

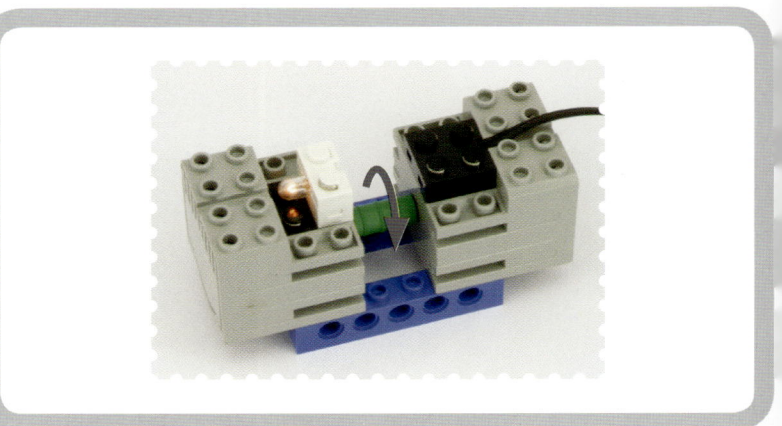

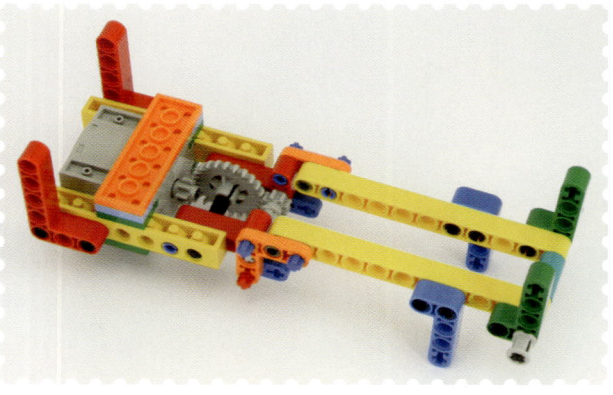

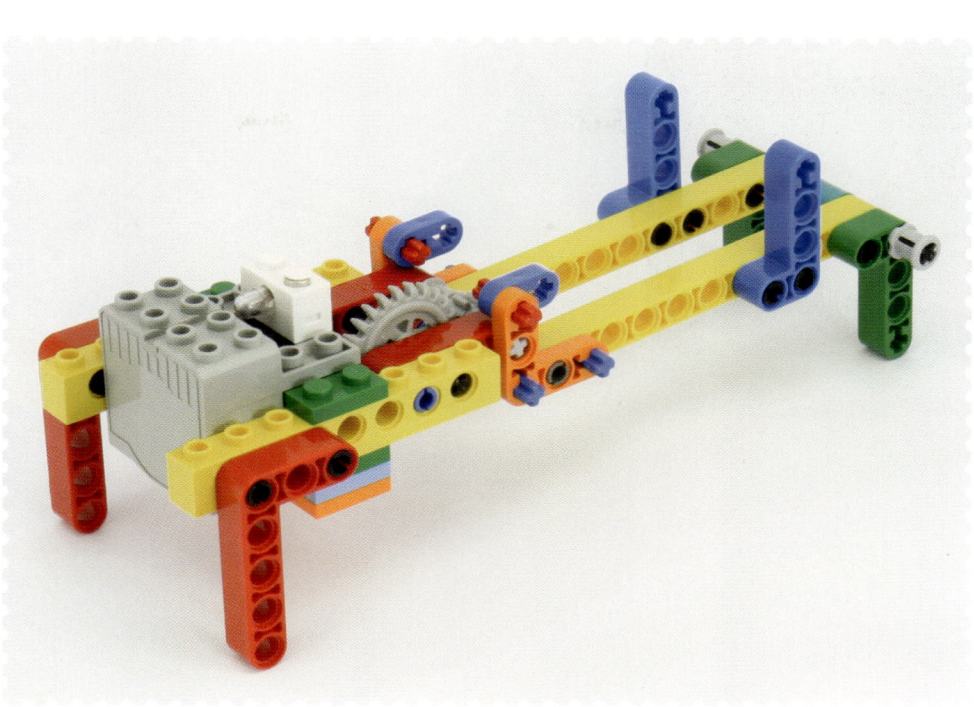

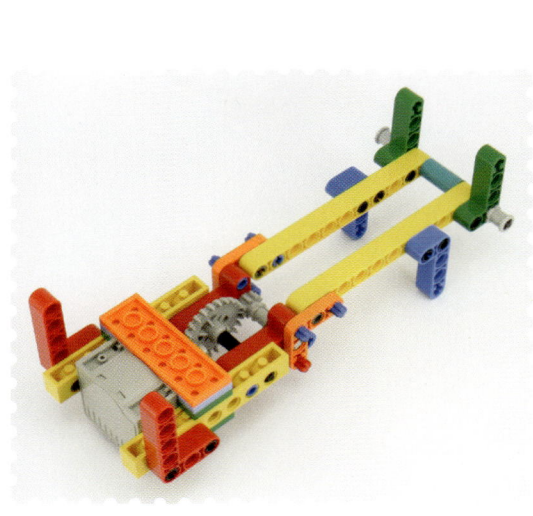

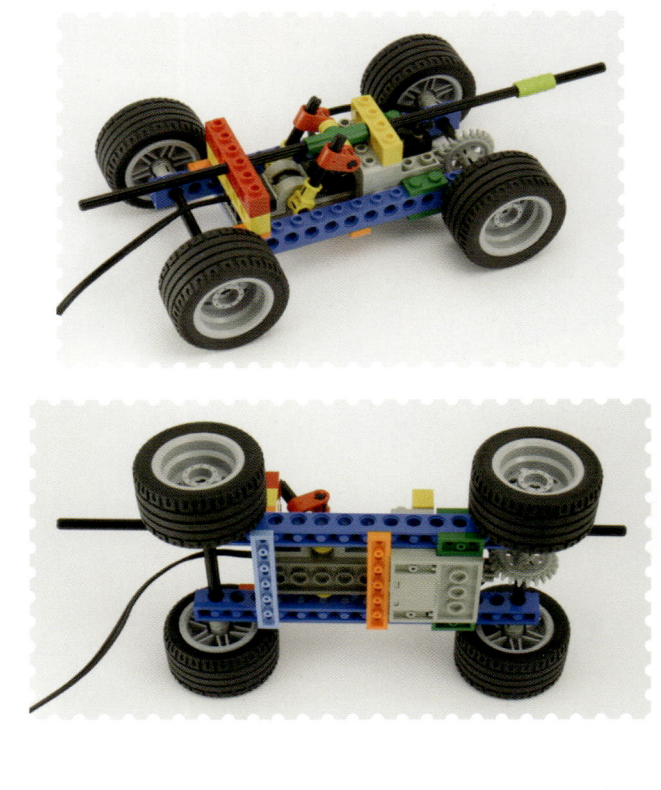

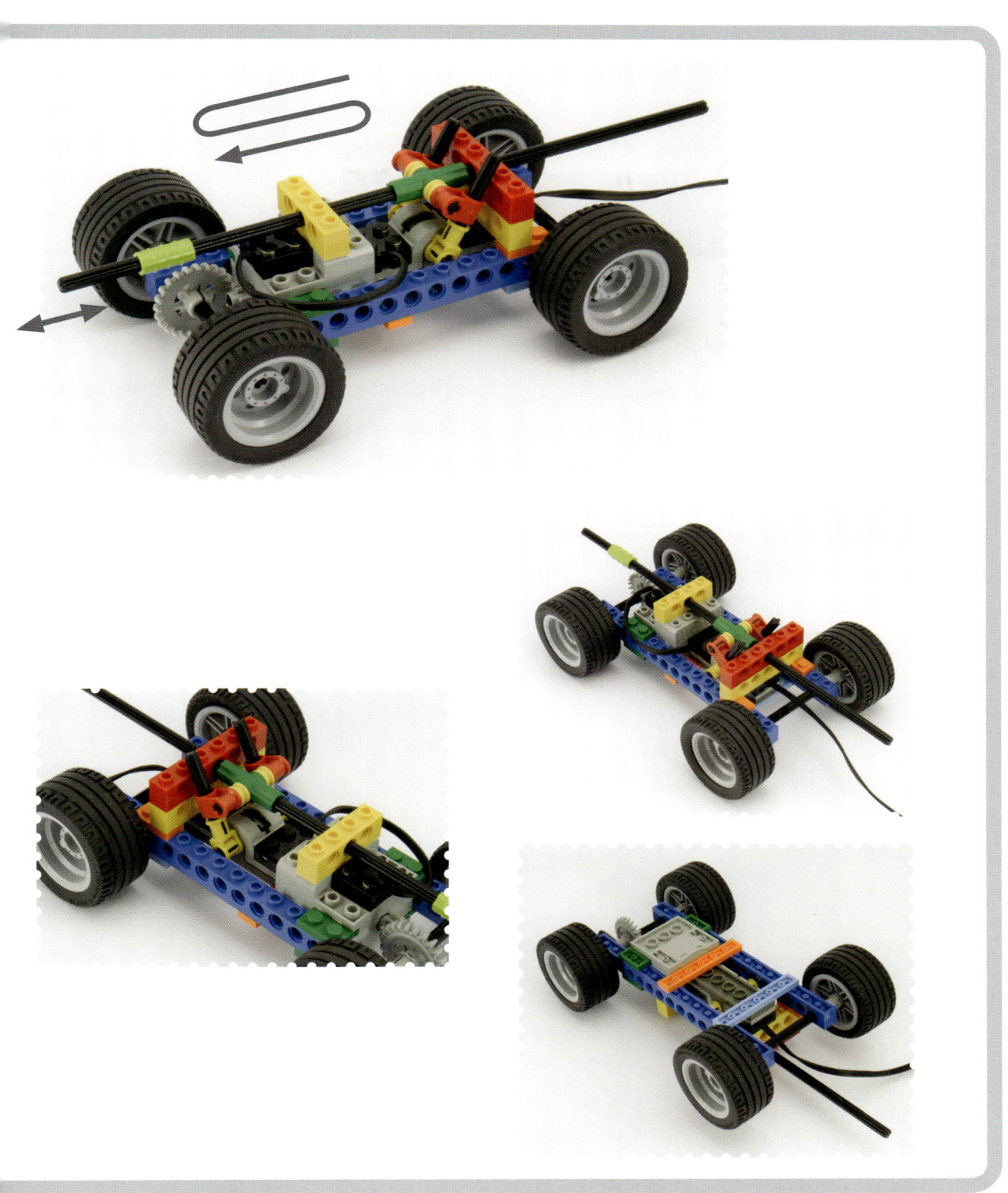

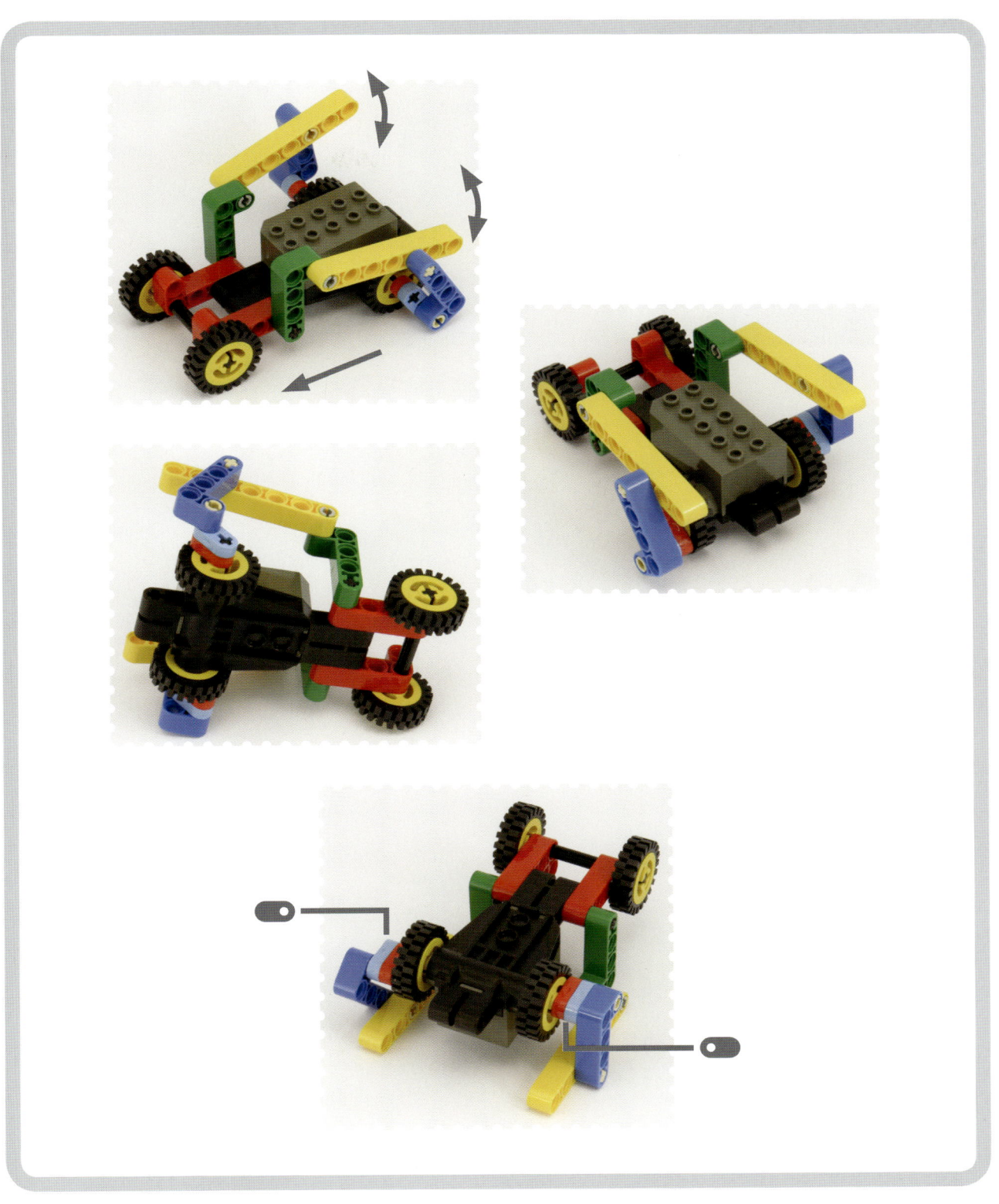

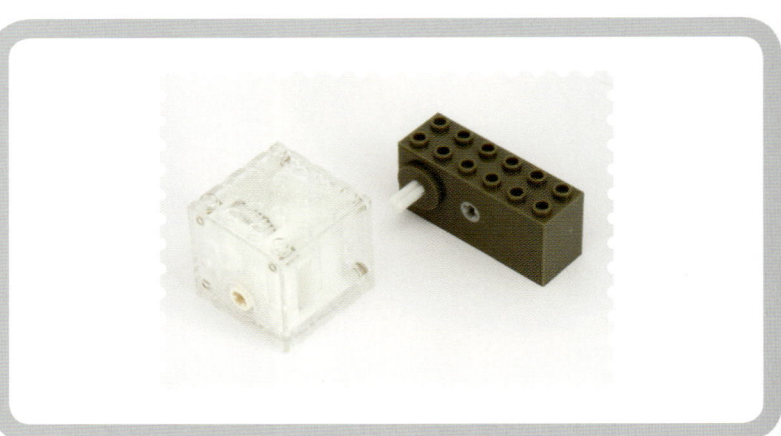

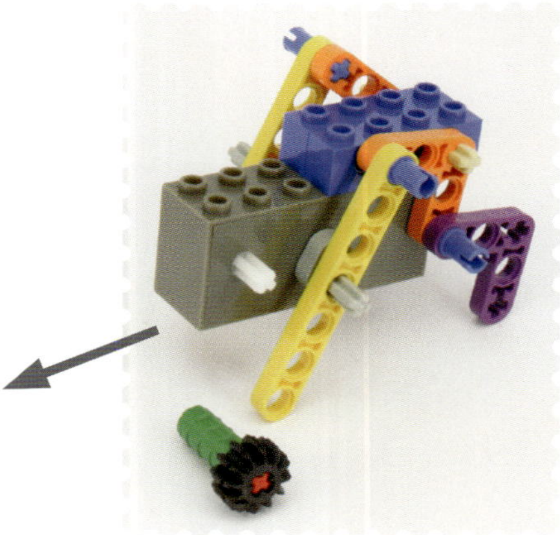

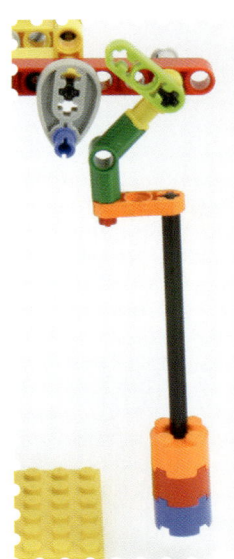

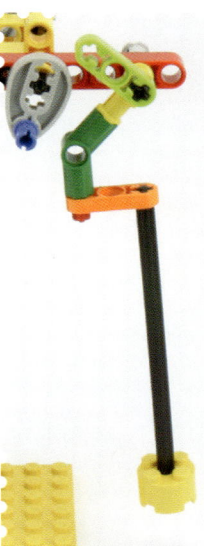

4부

 106

 122

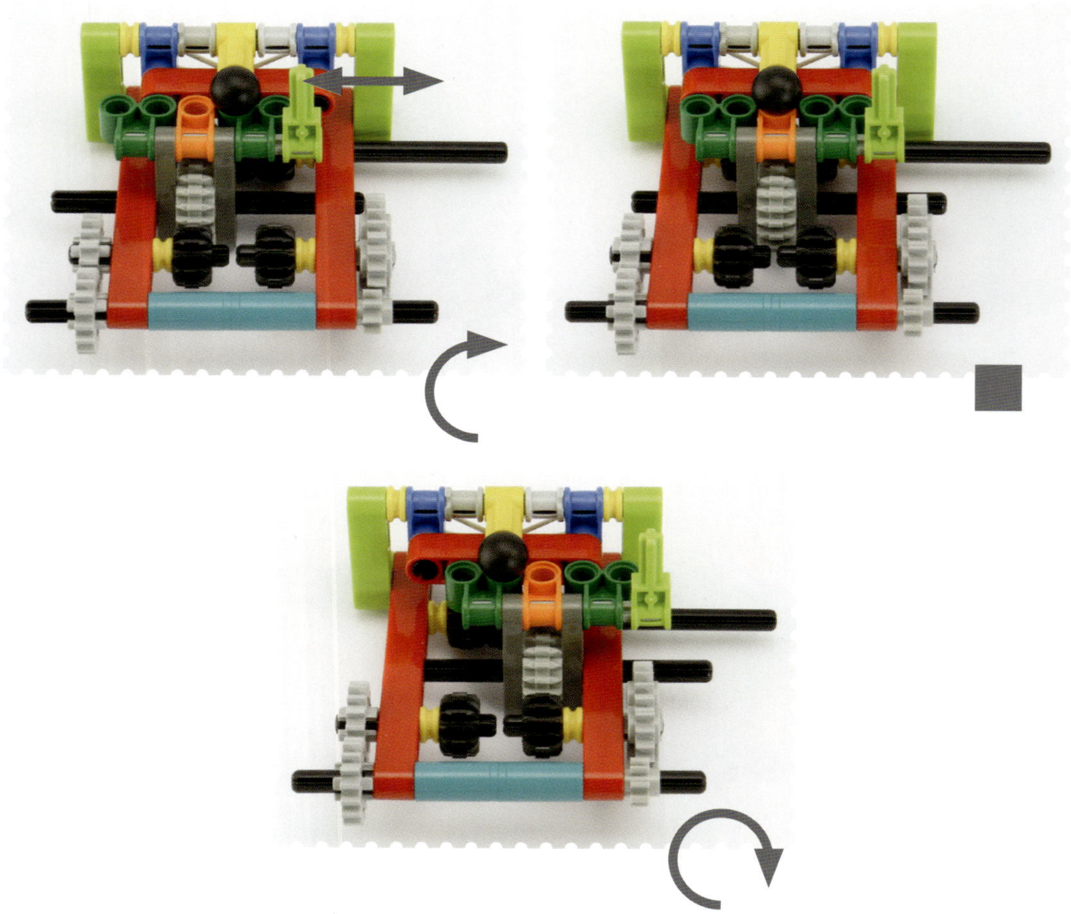

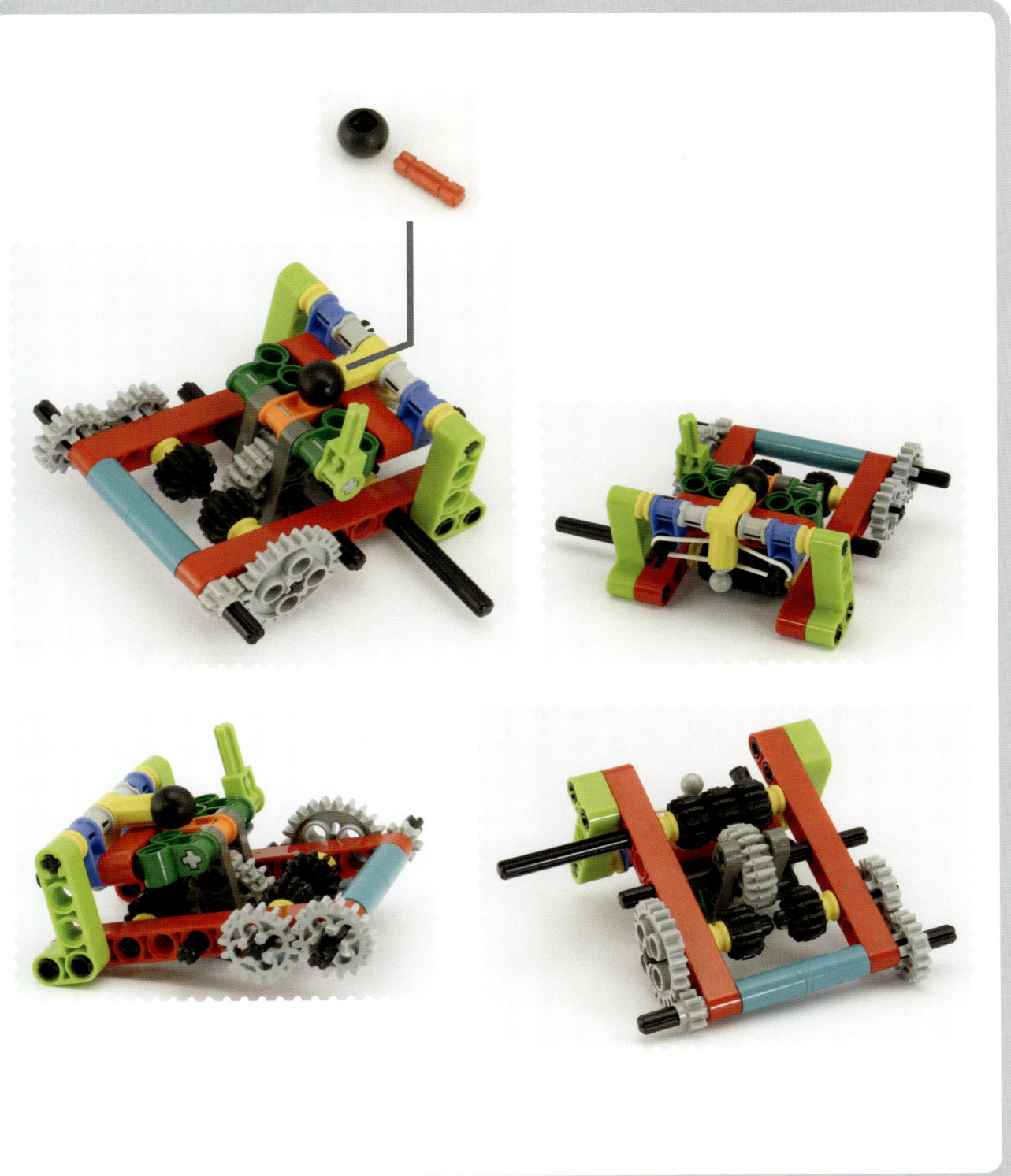

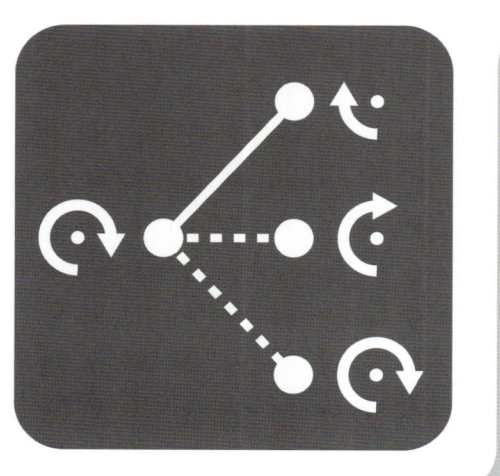

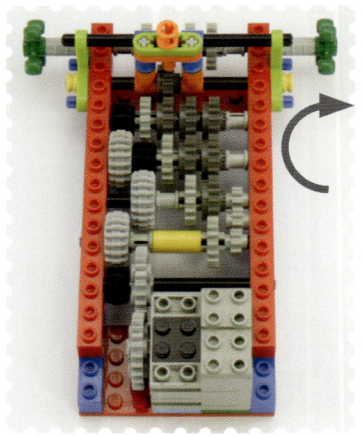

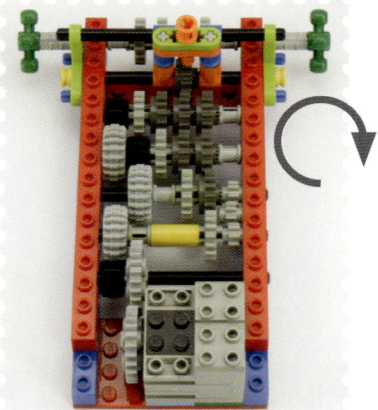

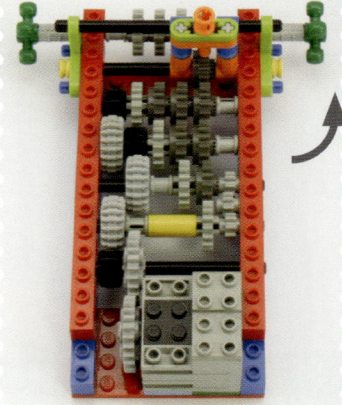

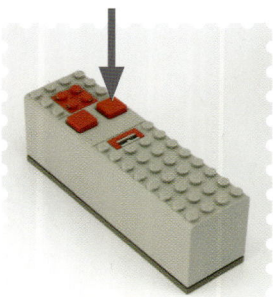

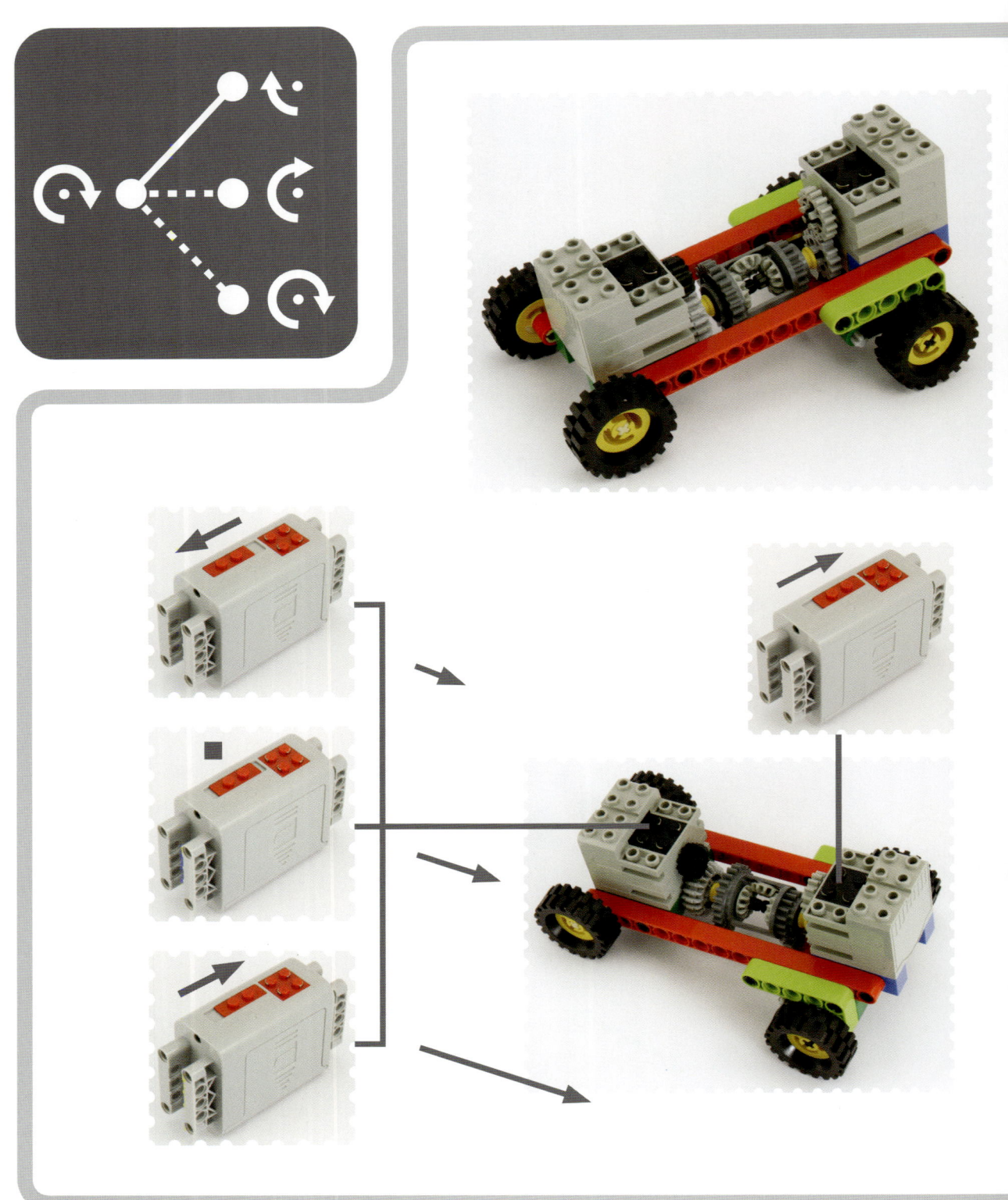

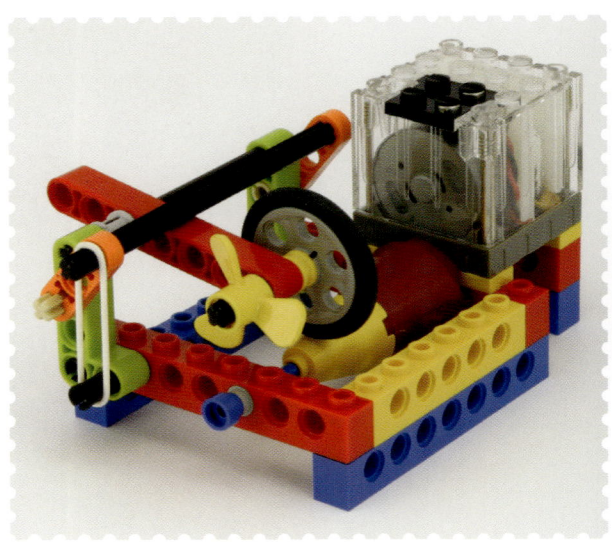

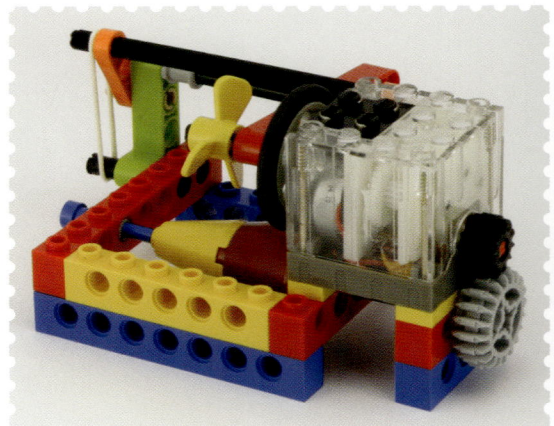

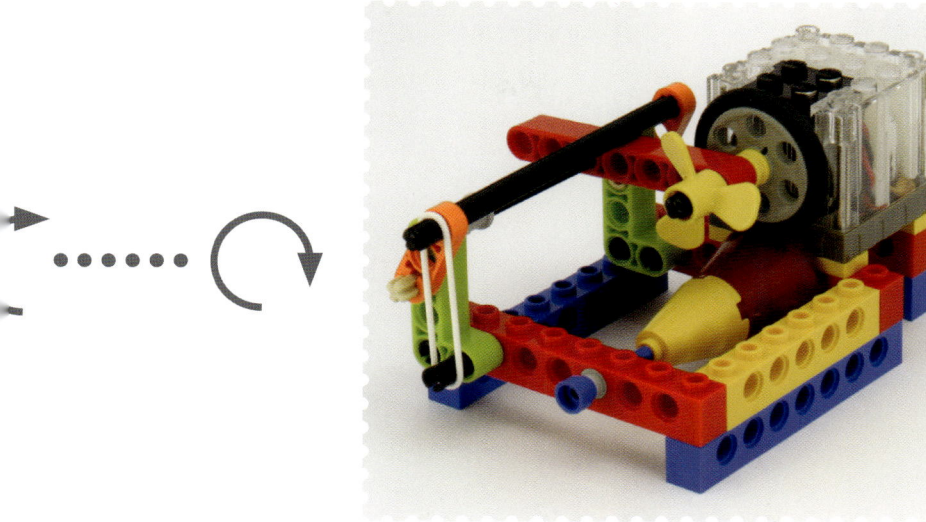